我是传奇

勒布朗·詹姆斯

流年 著　锄豆文化 编绘

北京时代华文书局

图书在版编目（CIP）数据

勒布朗·詹姆斯 / 流年著；锄豆文化编绘 . — 北京：北京时代华文书局，2024.3
（我是传奇）
ISBN 978-7-5699-5397-8

Ⅰ．①勒… Ⅱ．①流… ②锄… Ⅲ．①儿童故事—中国—当代 Ⅳ．① I287.5

中国国家版本馆 CIP 数据核字（2024）第 052760 号

拼音书名｜WO SHI CHUANQI
　　　　　LEBULANG ZHANMUSI

出　版　人｜陈　涛
选题策划｜直笔体育　徐　琰
责任编辑｜马彰羚
责任校对｜初海龙
封面设计｜王淑聪
责任印制｜訾　敬

出版发行｜北京时代华文书局 http://www.bjsdsj.com.cn
　　　　　北京市东城区安定门外大街 138 号皇城国际大厦 A 座 8 层
　　　　　邮编：100011　电话：010-64263661　64261528

印　　　刷｜三河市嘉科万达彩色印刷有限公司　0316-3156777
　　　　　（如发现印装质量问题，请与印刷厂联系调换）

开　　本｜710 mm×1000 mm　1/16　印　张｜2.5　字　数｜29 千字
版　　次｜2024 年 3 月第 1 版　　　　　　印　次｜2024 年 3 月第 1 次印刷
成品尺寸｜170 mm×230 mm
定　　价｜198.00 元（全十册）

版权所有，侵权必究

开篇

他是篮球世界的天之骄子，
他拥有着众多荣誉，
他的各种数据和纪录，
几乎都是创造历史的存在，
人们亲切地称呼他为"小皇帝"，
他就是美国著名篮球运动员勒布朗·詹姆斯。

他拥有一个偶像所应有的全部特质，
在场内，他影响着后辈球员，
在场外，他影响着全世界的球迷。
他们将詹姆斯视为榜样，
视为他们前进的动力。

而詹姆斯之所以能够获得如此大的成功，
除了与生俱来的天赋以外，
更离不开他自己的努力。
属于詹姆斯的那些励志精神，
值得我们每一个人学习。

詹姆斯

贫民窟长大的单亲男孩

1984 年 12 月 30 日，**勒布朗·詹姆斯**出生在美国俄亥俄州的阿克伦。

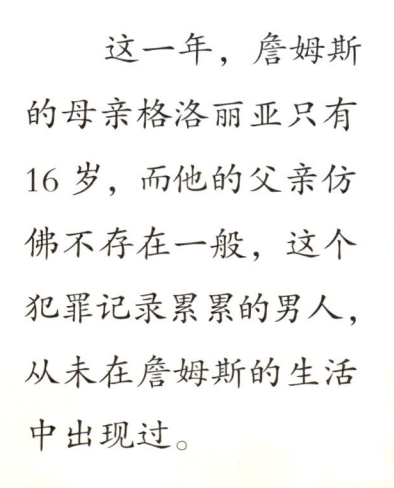

这一年,詹姆斯的母亲格洛丽亚只有16岁,而他的父亲仿佛不存在一般,这个犯罪记录累累的男人,从未在詹姆斯的生活中出现过。

詹姆斯从来没有感受过父爱,母亲年纪还小,不知道怎样照顾一个婴儿,幸运的是,小詹姆斯有一个善良、亲切的外婆。

外婆把小詹姆斯和格洛丽亚接到自己家中,尽心尽力地照顾着他们。她就像一道温暖的阳光,照亮了小詹姆斯和格洛丽亚的世界。

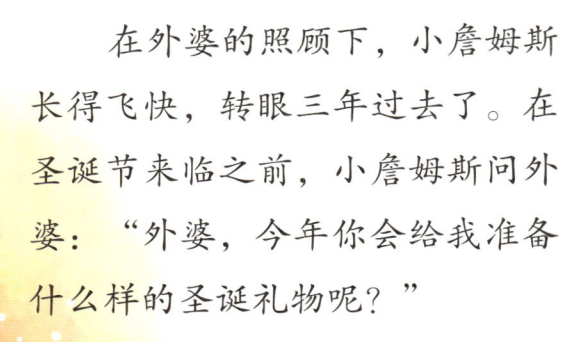

在外婆的照顾下,小詹姆斯长得飞快,转眼三年过去了。在圣诞节来临之前,小詹姆斯问外婆:"外婆,今年你会给我准备什么样的圣诞礼物呢?"

"这是个秘密。"外婆说。

小詹姆斯盼星星盼月亮,终于盼来了圣诞节。早晨小詹姆斯一睁开眼睛,就看到了一棵大大的圣诞树,还有很多漂亮的礼品盒,这是一个多么快乐的圣诞节啊!

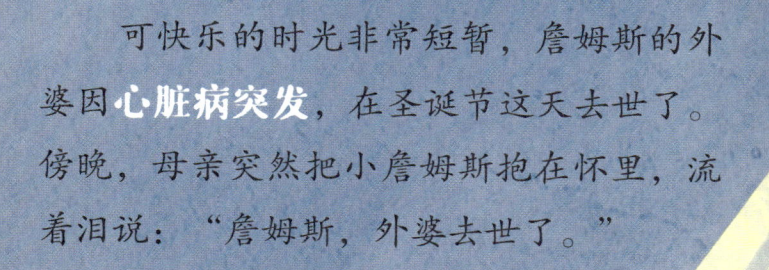

可快乐的时光非常短暂,詹姆斯的外婆因**心脏病突发**,在圣诞节这天去世了。傍晚,母亲突然把小詹姆斯抱在怀里,流着泪说:"詹姆斯,外婆去世了。"

"去世是什么?"小詹姆斯天真地问。

"我们以后再也见不到外婆了。"母亲说。

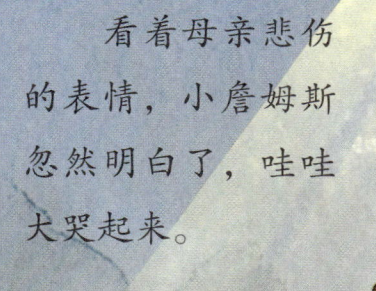

看着母亲悲伤的表情,小詹姆斯忽然明白了,哇哇大哭起来。

外婆去世后，小詹姆斯和格洛丽亚的生活又陷入了黑暗。他们没有钱交暖气费，外婆留下的这座老房子又破旧不堪，四处漏风，好像一个大冰窖。

格洛丽亚为了赚取生活费，不得不出去打工，把小詹姆斯一个人留在家里。可怜的小詹姆斯把家里所有的衣服都穿在身上，还是冻得瑟瑟发抖。

冷！

好冷！

然而，更糟糕的事情还在后面。

这座老房子被政府列入危房名单中，格洛丽亚没有钱修缮房屋，政府就把这座房子拆掉了。詹姆斯不得不跟着母亲搬到**贫民窟**。

贫民窟，听名字就知道那里的生活是多么糟糕和混乱。贫穷不是最可怕的，最可怕的是整条街都充满罪恶，警报声、奔跑声、打砸声、呼喊声，这让詹姆斯每天都胆战心惊，没有睡过一个安稳觉。

> 真抱歉,詹姆斯,我们又得搬家了。

> 没关系的。

转眼小詹姆斯到了上学的年纪,格洛丽亚靠着艰苦的工作挣来的工资,勉强把他送进了学校。可是她的收入太少了,没有办法维持他们的生活。无奈之下,她只能带着小詹姆斯一次又一次地**搬家、转学**。

每一次搬家和转学,都要重新适应新的环境,认识新的朋友。这是一件让人很头疼的事,但小詹姆斯从来没有抱怨过。每次搬家,小詹姆斯都会一边安慰母亲,一边乖巧地收拾行李。

格洛丽亚为了多挣一些钱，晚上也要出去工作。但下了夜班，她不管多么劳累，都会带着喜悦的心情，为詹姆斯做一顿香喷喷的美食。

感恩节的时候，格洛丽亚会在桌子上摆满好吃的；圣诞节的时候，她让詹姆斯把愿望写在一张纸上，当圣诞树上的灯点亮的时候，礼物总会神奇地出现在圣诞树下。

格洛丽亚用她的爱呵护着小詹姆斯。

虽然生活很贫穷，但小詹姆斯从外婆和母亲身上看到了战胜困难的勇气，这是他人生中最宝贵的财富。

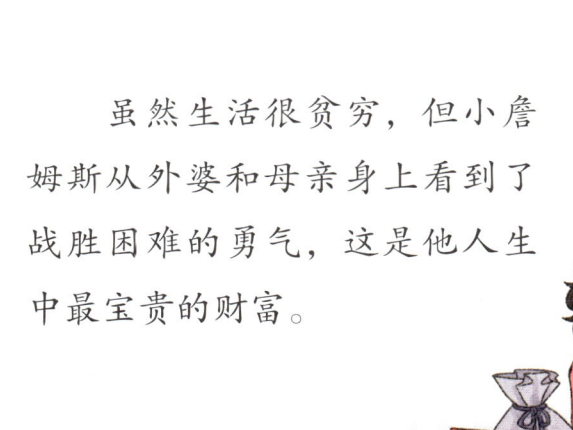

天赋与贵人

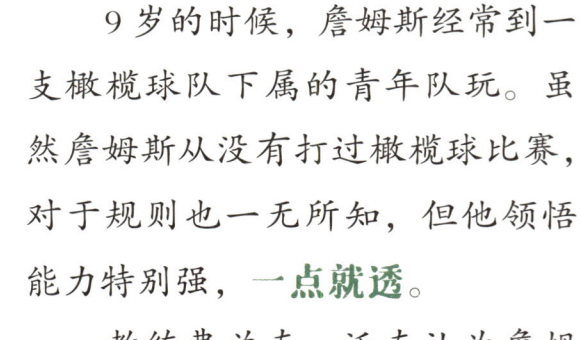

9岁的时候,詹姆斯经常到一支橄榄球队下属的青年队玩。虽然詹姆斯从没有打过橄榄球比赛,对于规则也一无所知,但他领悟能力特别强,**一点就透**。

教练弗兰克·沃克认为詹姆斯在运动上很有天赋,就让詹姆斯留在球队里,和其他孩子一起打球。可是詹姆斯和格洛丽亚没有稳定的住处,当地的学校拒绝给詹姆斯办理入学手续。

沃克的儿子小弗兰克也在这支球队,而且他还是詹姆斯的好朋友。他把这件事告诉了父亲沃克,沃克来到詹姆斯居住的地方,发现詹姆斯和格洛丽亚居住的环境实在太糟糕了。他对格洛丽亚说:

你让詹姆斯搬到我家去住吧,只有这样詹姆斯才能上学,才能名正言顺地打橄榄球。他是一个好苗子。

格洛丽亚认真地思索后,接受了沃克教练的邀请,詹姆斯搬去与沃克一家同住。不久后,在沃克夫人的帮助下,格洛丽亚租到了一处价格优惠的公寓,她终于可以把詹姆斯接回身边。尽管公寓里没有什么特别像样的家具,但是詹姆斯又可以和母亲在一起,这样的生活让他感到很满足。

自从搬进沃克教练家，詹姆斯就过上了稳定的生活。他每天按时起床，然后吃饭、上学、做作业、训练、做家务等，这样的生活，他以前连想都不敢想。

更让詹姆斯高兴的是，现在他和母亲拥有了自己的家，他不用来来回回地搬家，不用经常更换朋友了，他拥有了可以长时间相处的**好朋友**。然而，沃克给他带来的，不仅仅是这些。

沃克除了执教橄榄球队外,还在当地的一支儿童篮球队当教练。他看出詹姆斯在运动方面很有天赋,鼓励詹姆斯加入自己的篮球队。

　　沃克果然没看错人,虽然詹姆斯之前没有系统地打过篮球,但他非常聪明。无论是技术练习还是战术安排,只要教练说一遍,詹姆斯就能牢牢地记在心里。

　　詹姆斯凭借非凡的运动天赋和刻苦、认真的练习,很快就成了篮球场上的一颗**新星**,闪烁出耀眼的光芒。

就在这个时候，詹姆斯遇到了人生中的另一位贵人，业余体育联合会（Amateur Athletic Union，简称AAU）球队流星队的主教练德鲁·乔伊斯。

一次偶然的机会，乔伊斯来到詹姆斯所在的社区看篮球比赛，看了一会儿，他就被场上的詹姆斯牢牢地吸引住了。随后，他找到詹姆斯，邀请他加入流星队。

这样一来，詹姆斯每年参加篮球比赛的次数便稳定下来。但到各地比赛需要差旅费，球队无法给他们提供这笔费用，他们得自己想办法。

流星队没有固定的赞助商，为了筹集球队经费，他们摆糖果摊、烧烤摊，给人洗车，还通过售卖物品获得报酬，想尽了一切办法。

这个主意简直棒极了！

那时候常常会看到这样的场景：詹姆斯和队友结束辛苦的训练以后，就拿着那些物品挨家挨户去推销。

每当卖出一件物品，他们都激动地欢呼；遇到挫折的时候，就互相鼓励。渐渐地，詹姆斯成了队友的**主心骨**，和队友之间的友情也变得更加深厚了。

在挫折中成长

八年级的时候,詹姆斯还拥有着一张娃娃脸,但他的身高已经接近1.9米,身体素质遥遥领先同龄人。与此同时,詹姆斯的篮球技术也突飞猛进。

> 滑翔扣篮!

> 天哪,真了不起!

> 他真的做到了!

有一次,在比赛的过程中,詹姆斯**腾空而起**,整个身体好像在空中**飞翔**一样。正当所有人都惊讶地睁大眼睛盯着詹姆斯时,只见他的手用力往前一推,球在空中划出一道优美的弧线,飞进了篮筐里。

那时的詹姆斯成了篮球场上最引人瞩目的明星。他在这一年里打了80多场比赛，收获了无数的掌声和赞美声。当全国锦标赛到来时，詹姆斯和队友做好了充分的准备，他们的目标只有一个，那就是夺冠。

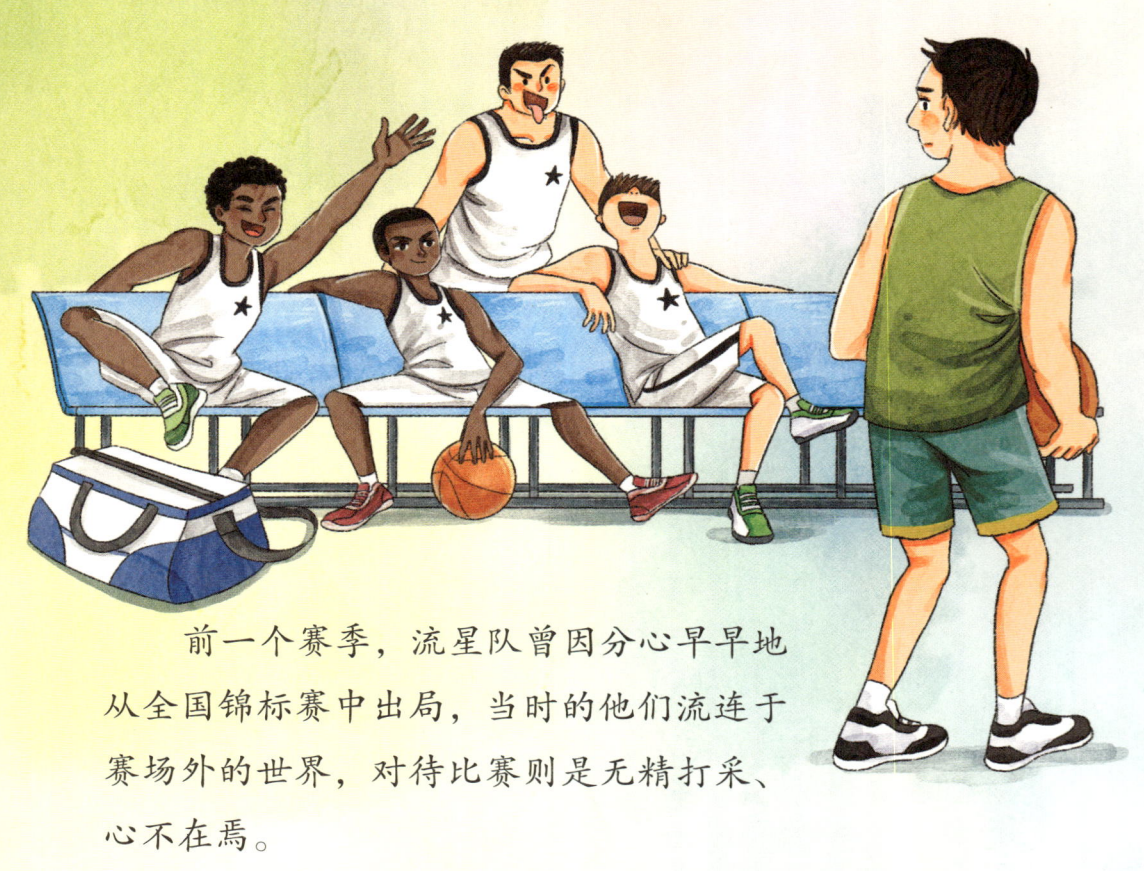

前一个赛季，流星队曾因分心早早地从全国锦标赛中出局，当时的他们流连于赛场外的世界，对待比赛则是无精打采、心不在焉。

这样的经历给詹姆斯和队友敲响了警钟，所以当全国锦标赛再次来临时，他们拒绝了场外的诱惑，专注于打篮球，一路打进决赛。

决赛的对手是南加州全明星队，这支球队曾在全国锦标赛中多次夺冠。面对这样实力强劲的对手，流星队显然招架不住。

| 45 | 30 |

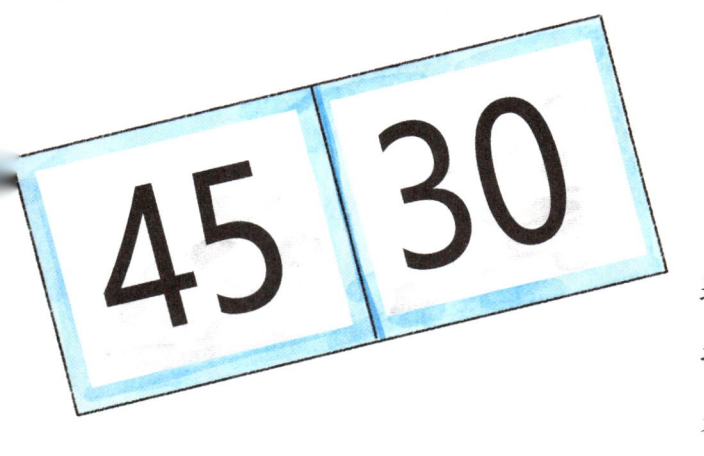

南加州全明星队不停地得分，对流星队穷追猛打，分差最大时，他们领先了15分。

这15分的差距就像一个霹雳，把詹姆斯和队友惊醒了。詹姆斯带着队友奋起直追，在距离比赛结束还有12秒的时候，分差只有1分。

眼看比赛就要结束了，**还落后1分**，詹姆斯急得两眼通红。

嗖……

67∶66

詹姆斯认为此时此刻只有自己才能力挽狂澜，声嘶力竭地冲队友喊道："快，把球传给我！"

詹姆斯接球后冲破了对手的外围防线，他直奔禁区，想要以扣篮终结比赛，可惜对手没有给他这个机会，无情地将他的扣篮封盖。

随后，流星队采取犯规战术，对手两罚一中，分差变为2分，流星队仍有最后一击摘下冠军的机会。

只剩最后4秒钟了，队友们再一次把球传给詹姆斯，詹姆斯站在三分线外，打算用一个漂亮的三分球，赢得最后的胜利。

篮球直奔着篮筐飞了过去，那一刻，所有的人都屏住呼吸，目不转睛地盯着篮球，期盼着奇迹的发生。但只听啪的一声，篮球砸到篮筐上弹了出去。

比赛结束了，詹姆斯的球队输了。但通过这场比赛，詹姆斯明白了两个道理：第一，比赛中要时刻**保持警惕**；第二，篮球是**团体运动**，只有队员团结协作，才能获得胜利。

不久以后，詹姆斯进入了圣文森特－圣玛丽高中。圣文森特－圣玛丽高中的篮球教练是基斯·戴姆伯罗特，流星队的教练乔伊斯也来到这所高中，进入了教练组。

戴姆伯罗特对詹姆斯的要求非常严格，他按照大学球员的标准训练詹姆斯，只要詹姆斯稍微出错，他就会**破口大骂**。詹姆斯觉得戴姆伯罗特对自己有偏见，才会这么针对自己。

直到后来，詹姆斯才明白教练的良苦用心。

戴姆伯罗特曾经执教的球队中，有三名球员进入了NBA，在他看来，詹姆斯的天赋要远远超过他们。戴姆伯罗特还曾邀请自己的前同事、当时加州大学篮球队的主教练本·布朗观看詹姆斯的比赛，在看完比赛后，布朗对他说："这孩子根本不用去全国大学体育协会（National Collegiate Athletic Association，简称NCAA）锦标赛打球。"

詹姆斯在戴姆伯罗特的带领下刻苦训练，登上了州冠军的领奖台，成为俄亥俄州高中篮球界的翘楚。

2001年7月，美国高中篮球精英们参加阿迪达斯举办的训练营，詹姆斯遇到了一个强劲的敌人——兰尼·库克。兰尼·库克身高近2米，在前一年的训练营中，他表现出色，是训练营中的最有价值球员（Most Valuable Player，简称MVP），也是当时公认的**全美第一高中生**。

比赛开始没多久,库克就拿到了球,詹姆斯紧紧地盯着库克,不给库克投篮的机会。不料,库克来了一个胯下运球急停战术,詹姆斯还没有反应过来,库克就把球投进了篮筐里。

然而,库克嚣张的攻击不但没有吓住詹姆斯,反而**点燃了詹姆斯的斗志**。

他简直是一个篮球天才！

这个孩子才是最强的。

攻守兼备。

身体太棒了，技术太全面了。

　　詹姆斯变成了一只猛虎，把主动权牢牢地抓在自己手中。但在比赛结束的最后时刻，詹姆斯的球队依然落后1分。这个时候，球又到了詹姆斯手上，詹姆斯轻轻一闪，躲过对方的防守，双手用力往上一推，球在空中划出一道弧线，稳稳地落进篮筐里。

　　3分！詹姆斯在关键时刻用一个三分球转败为胜，球场上立刻沸腾起来。

詹姆斯一战成名，成了全美篮球关注的**超新星**。NCAA与NBA的球探、体育装备赞助商、经纪人、媒体记者都争着来到圣文森特-圣玛丽高中的球馆，一睹詹姆斯的风采。

2002年2月18日出版的《体育画报》，将詹姆斯作为封面人物。作为一名高中生，能够登上《体育画报》，简直太不可思议了，但詹姆斯做到了。

詹姆斯成了学校里的大红人,无论走到哪里都能成为人群中的焦点。他成了最炙手可热的篮球明星,鲜花和掌声纷至沓来。

詹姆斯**迷失了自己**,他和队友不再刻苦训练,他们经常逃课,参加各种各样的派对。

教练乔伊斯知道以后,多次警告他们,但詹姆斯和队友选择无视乔伊斯的警告。随后不久,他们就为此付出了惨痛的代价。

2002年，俄亥俄州高中篮球联赛决赛，圣文森特-圣玛丽高中对阵罗杰·贝肯高中，可詹姆斯和队友压根没把对方放在眼里，在比赛前的那个晚上，还在酒店**彻夜狂欢**。

第二天早上，大家都已经筋疲力尽。更糟糕的是，当詹姆斯起床时，出现了背部痉挛的情况。尽管他在接受治疗后坚持上场，但他显然不在最佳状态。结果不出意料，他们**输掉了比赛**。

我真后悔，我怎么对待自己的身体，身体就会怎么对待我。这样的错误，我绝对不允许自己再犯了。

天之骄子

高中的前三年，詹姆斯一直是篮球和橄榄球同时发展，他不但在篮球上取得了耀眼的成绩，还获赞全美高中橄榄球选手中的最佳外接手。

然而到了高中生涯的最后一年，**詹姆斯必须在篮球和橄榄球之间做出选择**。

詹姆斯喜欢橄榄球，对于他来说，橄榄球是一束光，照亮了他曾经黑暗的生活。但是，专业人士告诉他打橄榄球受伤风险太高，有可能葬送他的篮球生涯。

于是，詹姆斯告别橄榄球，带着满满的信心选择了篮球。

当一个人专注起来的时候，他的身上就会迸发出无穷的力量。

　　在高中生涯的最后一年，詹姆斯迎来了高中生涯的巅峰，场均得到31.6分、9.6个篮板。詹姆斯的一场比赛可以吸引超过一百万的电视观众付费观看，随便一次队内训练，都能引发球迷围堵，甚至需要动用警察才能避免意外情况发生。

　　圣文森特-圣玛丽高中在詹姆斯的带领下，2002—2003赛季锁定**全美第一**，并且将四年内第三座州冠军奖杯收入囊中。一段飘扬着青春色彩的篮球岁月，让詹姆斯刻骨铭心。

詹姆斯的高中生涯圆满落幕，这个阿克伦的孩子以**状元**身份进入 NBA。接下来的故事就变得耳熟能详了。生涯至今，詹姆斯**已经为 3 支 NBA 球队拿下总冠军**。在每支球队，詹姆斯都是当仁不让的核心球员，他缔造了数不胜数的奇迹。

詹姆斯是无数球迷心中最伟大的篮球运动员之一，是比肩迈克尔·乔丹的存在。

不得不承认，詹姆斯在运动方面确实很有天赋。但如果仅凭着天赋，而不付出艰辛的努力，詹姆斯不会取得今天的巨大成就。

然而对于很多人来说，获得一次成功并不难，难的是守住自己的初心，不在鲜花和掌声中迷失自己。詹姆斯的亲身经历给我们敲响了警钟。

詹姆斯的故事告诉我们：每个人都有自己擅长的技能，这就是天赋。只有好好地利用自己的天赋，并且一直努力奋斗，才能走向最后的成功。

詹姆斯

ZHANMUSI

美国

职业篮球
运动员

- 2003年以"状元秀"身份被骑士队选中
- NBA 历史得分王
- 曾效力于骑士队、热火队
- 现效力于湖人队
- 4 次获得 NBA 总冠军
- 篮球智商极高、突破犀利，拥有出色的视野和传球技术
- NBA 历史上最为全能的球员之一

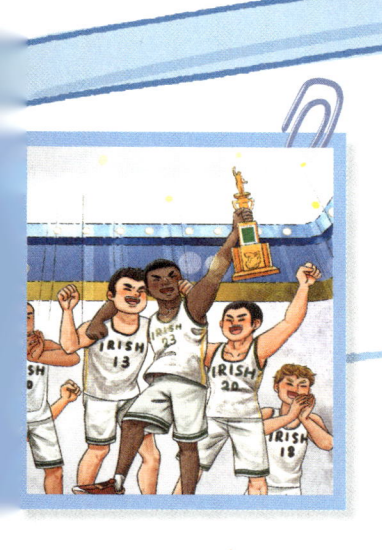

荣誉记录

体育名人堂

- NBA 总冠军：4 次
- NBA 常规赛 MVP：4 次　NBA 总决赛 MVP：4 次
- NBA 全明星赛：19 次　NBA 全明星赛 MVP：3 次
- NBA 最佳阵容：19 次　NBA 最佳防守阵容：6 次
- NBA 最佳新秀阵容：1 次
- NBA 得分王：1 次　NBA 助攻王：1 次
- NBA 年度最佳新秀：1 次
- 奥运会男子篮球金牌：2 次
- 奥运会男子篮球铜牌：1 次
- 世界男子篮球锦标赛铜牌：1 次
- 2021 年入选 NBA 75 周年 75 大球星

（截至 2022—2023 赛季结束）

最有名的篮球联赛——NBA

NBA 是什么？

美国职业篮球联赛（National Basketball Association），简称美职篮（NBA），是由北美30支职业球队组成的男子职业篮球联盟，是美国四大职业体育联盟之一。

赛程

NBA比赛包含夏季联赛、季前赛、常规赛和季后赛。

夏季联赛是指一系列在NBA休赛期进行的、由NBA球队参加的竞赛，球队在这个时候一般会尝试和常规赛不同的阵容，其中包含大量的新秀和"二年级生"，以及球队要考察的还未签约的自由球员。

季前赛是各支球队在NBA常规赛开始前进行的热身赛。

常规赛是在每年的10月末至次年的4月中旬、由NBA 30支球队进行的轮回赛，每支球队需要参加82场比赛，30支球队一共进行1230场比赛。其中在2月有一项特殊的表演赛事——NBA全明星赛。

常规赛结束后,东、西部联盟常规赛战绩排名前八位的球队进入季后赛,季后赛角逐出来的东、西部冠军进入总决赛争夺总冠军,表现最优秀的球员将获得比尔·拉塞尔 NBA 总决赛最有价值球员奖,也就是我们常说的总决赛 MVP。

NBA 共有多少支球队?

NBA 一共有 30 支球队,东部分区和西部分区各有 15 支球队。

东部联盟	大西洋赛区	波士顿凯尔特人队	布鲁克林篮网队	纽约尼克斯队	费城76人队	多伦多猛龙队
	东南赛区	亚特兰大老鹰队	夏洛特黄蜂队	迈阿密热火队	奥兰多魔术队	华盛顿奇才队
	中部赛区	芝加哥公牛队	克利夫兰骑士队	底特律活塞队	印第安纳步行者队	密尔沃基雄鹿队
西部联盟	西北赛区	丹佛掘金队	明尼苏达森林狼队	俄克拉荷马城雷霆队	波特兰开拓者队	犹他爵士队
	太平洋赛区	金州勇士队	洛杉矶快船队	洛杉矶湖人队	菲尼克斯太阳队	萨克拉门托国王队
	西南赛区	达拉斯独行侠队	休斯敦火箭队	孟菲斯灰熊队	新奥尔良鹈鹕队	圣安东尼奥马刺队

中国骄傲

NBA 赛场上曾出现过的中国球星（仅列举 3 位）

王治郅： 2001 年，王治郅正式进入 NBA，他是中国乃至亚洲第一个真正意义上登陆 NBA 的球员。在 NBA 征战的 5 个赛季，王治郅先后效力于独行侠队（达拉斯小牛队于 2018 年正式更名为达拉斯独行侠队）、快船队和热火队。

姚明： 2002 年，火箭队用状元签签下姚明，姚明自此开启了效力火箭队的 9 个赛季，并于 2016 年入选 NBA 名人堂（奈史密斯篮球名人纪念堂），成为首位获此殊荣的中国人。

易建联： 2007 年，易建联以首轮第六顺位被雄鹿队选中。易建联在 NBA 打了 5 个正式赛季，先后为雄鹿队、篮网队、奇才队和独行侠队效力。